植物的构造

撰文/宋馥华　　审定/郑武灿

中国盲文出版社

怎样使用《新视野学习百科》？

请带着好奇、快乐的心情，
展开一趟丰富、有趣的学习旅程！

1 开始正式进入本书之前，请先戴上神奇的思考帽，从书名想一想，这本书可能会说些什么呢？

2 神奇的思考帽一共有6顶，每次戴上一顶，并根据帽子下的指示来动动脑。

3 接下来，进入目录，浏览一下，看看这本书的结构是什么，可以帮助你建立整体的概念。

4 现在，开始正式进行这本书的探索啰！本书共14个单元，循序渐进，系统地说明本书主要知识。

5 英语关键词：选取在日常生活中实用的相关英语单词，让你随时可以秀一下，也可以帮助上网找资料。

6 新视野学习单：各式各样的题目设计，帮助加深学习效果。

7 我想知道……：这本书也可以倒过来读呢！你可以从最后这个单元的各种问题，来学习本书的各种知识，让阅读和学习更有变化！

神奇的思考帽

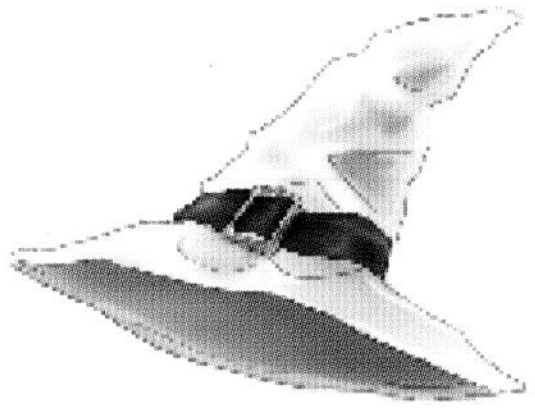

客观地想一想

用直觉想一想

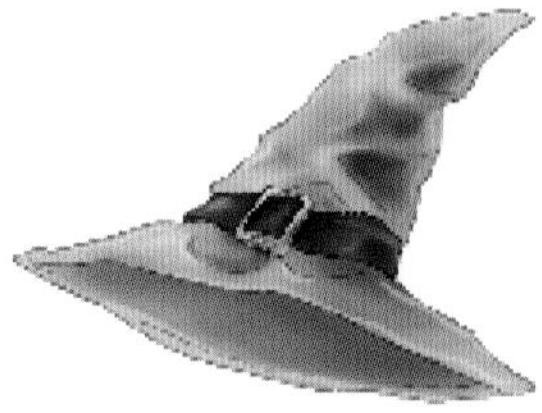

想一想优点

想一想缺点

想得越有创意越好

综合起来想一想

你常常看到哪些植物？
它们有什么特征？

你觉得植物的哪些构造最奇妙？

植物会结果实有什么好处？

植物不会移动，因此会遇到什么问题？

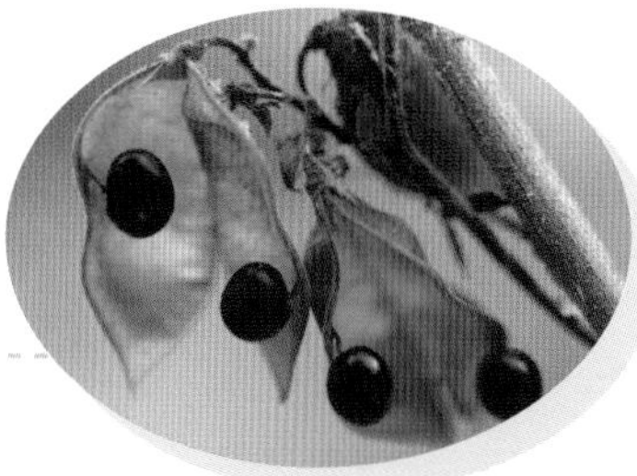

如果以花朵来代表自己，你会选择哪一种？

种子植物有什么特色？

目录

神奇的思考帽

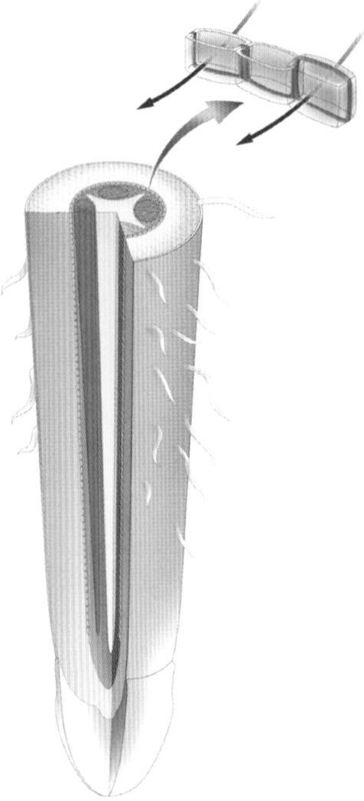

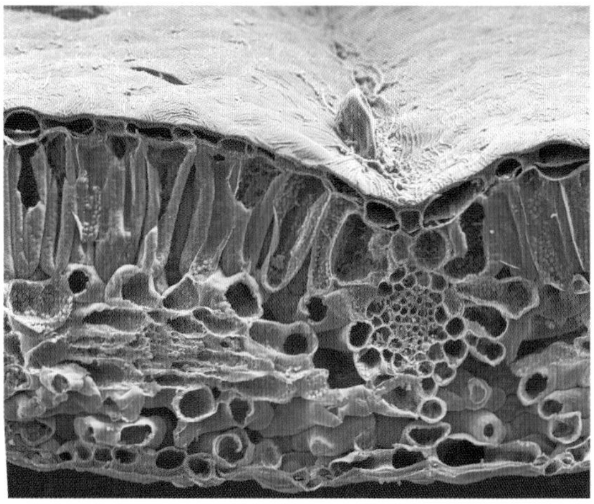

C O N T E N T S

■专栏

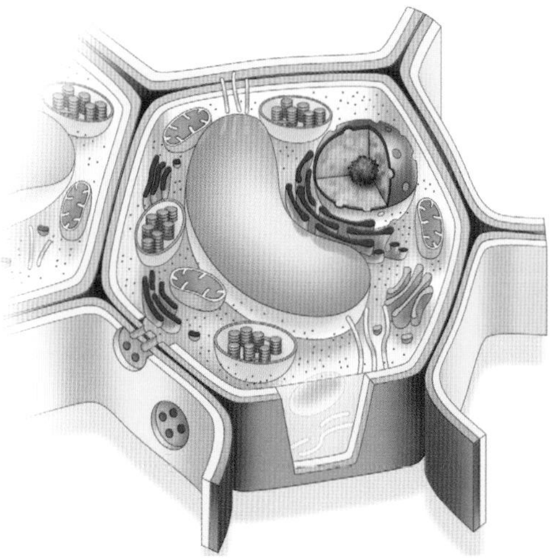

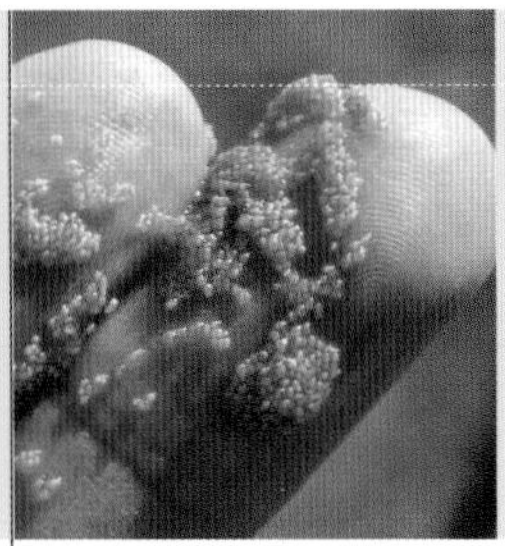

单元1

植物的构造

（无根萍是世界上最小的开花植物，无根，花朵只有针尖般大。图片提供/GFDL）

人类为了食用、药用及辨识有毒植物，很早便开始对植物的研究产生兴趣，进而发现许多植物构造的特色。

植物的细胞

早在2世纪，希腊名医盖伦就认为植物、动物都是由某种简单的基本构造组成。但直到17世纪中期，英国科学家罗伯特·虎克用显微镜观察到软木栓薄片的小格子，并将它命名为“细胞”后，这个概念才开始受到重视。到了19世纪，德国动物学家施旺和植物学家施莱登，通过观察动物、植物的组织，在1838年共同确认植物和动物都是由细胞组成的。

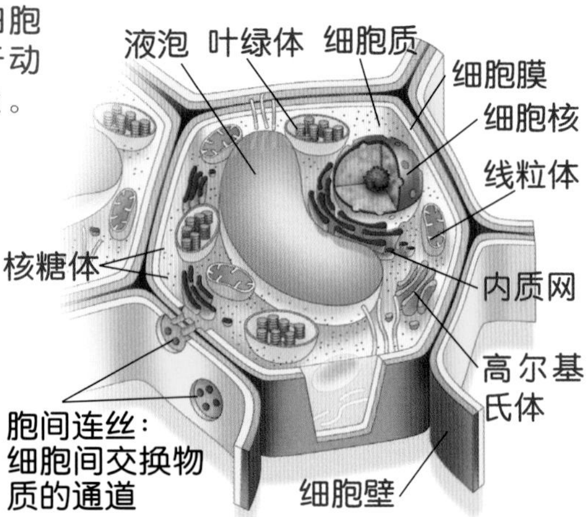

大液泡、叶绿体和细胞壁是植物细胞有别于动物细胞的特有构造。（插画/吴仪宽）

细胞核、细胞质和细胞膜，是动、植物细胞共同的基本构造，但植物细胞还拥有动物细胞所没有的叶绿体、细胞壁。叶绿体让植物可以行光合作用、自行制造养分，不必像动物一样必须通过摄食来获得养分；强韧的细胞壁，则让植物可以长得坚挺、高大。此外，植物细胞内的液泡比动物细胞的液泡大得多，也让植物细胞比动物细胞能储存更多的物质。

图左下为荷兰博物学家列文虎克著作与自制的显微镜；图中为罗伯特·虎克的著作，其中一本提及他将软木栓构造称为“细胞”；图右上则为德国动物学家施旺。（图片提供/达志影像）

植物的组织与器官

虽然植物细胞的基本构造大多相同，但细胞内的某些构造可能特别发达

叶绿体的起源

叶绿体拥有自己的遗传物质（DNA），并且会随着植物细胞一起复制、分裂，因此有些科学家认为，最早期的叶绿体可能是一种细菌，进入真核生物的细胞后，两者形成共生关系。当真核生物进化成植物，叶绿体便逐渐与今日的植物建立起密不可分的关系了。

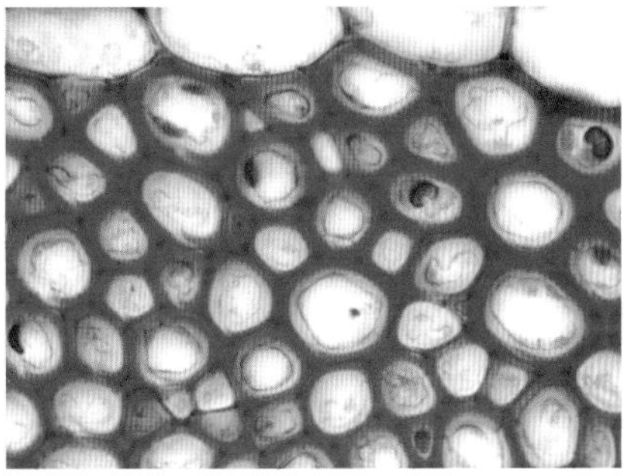

厚壁细胞因细胞壁充满木质素而变厚、变硬，常见于木材、植物纤维、种皮，甚至是果实中，如吃起来有硬粒感的梨肉，便是一种被称为石细胞的厚壁细胞。（图片提供/左：达志影像）

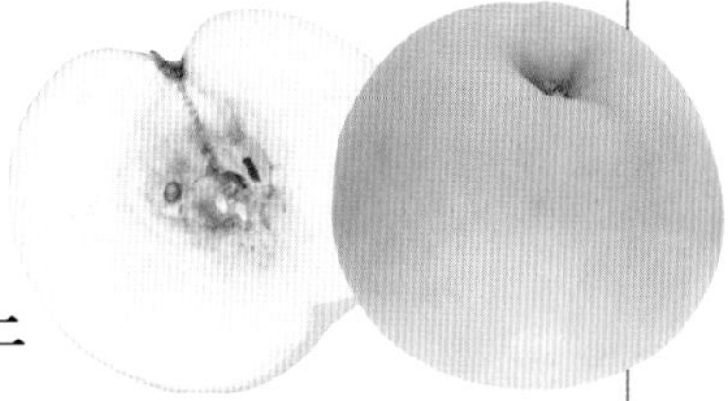

或退化，而使细胞之间出现差异。例如桧木树干的细胞，其细胞壁远比其他部位的细胞壁厚，当这些厚壁细胞聚生在一起，就会形成极具支撑力的厚壁组织，让桧木能够长到几十米高。

至于我们日常所见的根、茎、叶、花、果实及种子，则是植物的器官。植物器官是由多种功能不同的组织构成，以树叶为例，它是由表皮组织、叶肉组织及维管束组织所组成。这些不同的组织，决定了器官的外形及功能。

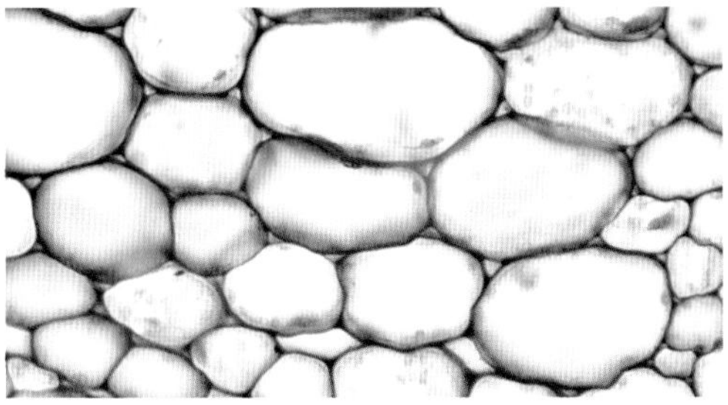

薄壁细胞存在于大部分的植物组织中，具有贮存、运输养分和水分的功能。（图片提供/达志影像）

花瓣的大小不一，属于蝶形花冠，是豆科的特色。
部分的叶变态成卷须
种子发芽会出现子叶
托叶比小叶大
雌蕊的子房有多颗胚珠，因此果实内有多颗种子。

种子植物大多具有根、茎、叶等营养器官，而花、果实、种子则是繁殖器官，前者和植物的生长有关，后者主要和植物繁衍下一代有关。图中植物为豌豆。（插画/余首慧）

（摄影/张君豪）

单元2

根 1

人类对植物最早的定义之一，就是有根固着在土中的生物，可见根是大部分植物都拥有的器官。

根的功能

根的主要功能有二：一是从土壤里吸收生长所需的水分与矿物质，一是让植物能够稳固生长。此外，根还具有传导信息的功能。

植物生长所需的水分及矿物质，主要都是通过根部从土壤中吸收，不过吸收的方式并不相同。根细胞的细胞壁及细胞间隙可以让水分自由进出，因此土壤中的水分可以直接进入根部组织。至于矿物质的吸收，则必须由根内皮层细胞膜上的载体，将吸附在细胞膜外的矿物质带进细胞内，再通过细胞之间的物质交换，辗转传到植物各部位。

豆子发芽所伸出的幼根上，密布着毛状的根毛，是根吸收水分的主要构造。（图片提供/达志影像）

植物靠着根与土壤紧密联结，将自己固定在一个地方，不被风、水等力量

植物的根具有固着和吸收的功能。图为生长在北美的红松，高达35米以上，可见根的功能十分强大。（图片提供/维基百科，摄影/Emery）

移走。此外，根也能传递信息，当根部遇到干旱或病虫害时，就会发出信息通知植物的其他部位，产生相对应的生理反应。例如根部缺水时，便会产生离层酸向叶子输送，待离层酸抵达叶子后，便诱导叶表面的气孔关闭，以减少水分散失。

柽柳生长在缺水的荒漠地区，以深根吸收土壤深处的水分，因此才能生长茂盛。（图片提供/GFDL）

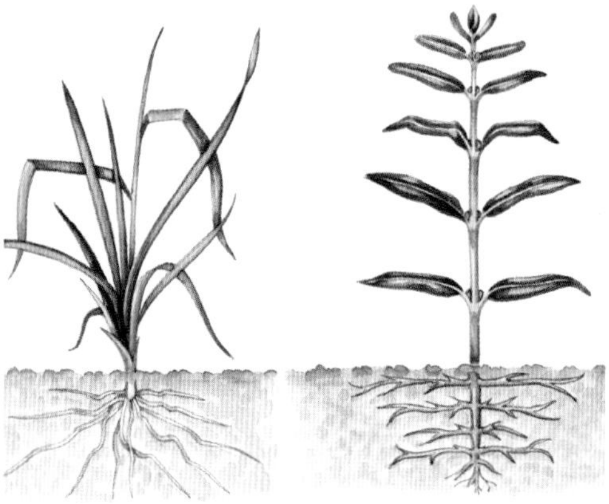
直根系（右图）通常具有一条明显的主根，而须根系（左图）则无。（图片提供/达志影像）

根系

一株植物所有的根构成了根系，并依这些根的生长方式，分为直根系和须根系。直根系是指先长出一条主要的根，再由主根上长出其他的侧根；如果是许多根同时生长，而且每条根的粗细大致相同，则属于须根系。

不同的根系形态，对植物的形态与分布有很大的影响。直根系的主根粗大且深入土壤，因此能产生较强的支撑力，让植物长得高大。至于禾本科的野草多属于须根系，细小的须根只能抓住表土，容易被整株拔起。不过，须根植物的根分布范围很大，能迅速吸收土壤中的水分、养分，因此生长得很快。

科学家借由实际测量来了解植物根系的生长速度和分布情形。（图片提供/达志影像）

不定根

一般植物的根，都是种子萌发后，由胚长出的胚根发育而来。但是许多植物也能从茎上的节处长出根来，这类根由于生长位置不一定，而被称为“不定根”。不定根除了具有一般根的功能之外，还能帮助植物繁殖，如草莓走茎上的节处常会萌发不定根，当走茎断裂时，不定根就会落地生长，让断裂的走茎成为一棵新的植株。

常春藤借由茎上长出的不定根攀缘在墙上生长。（图片提供/达志影像）

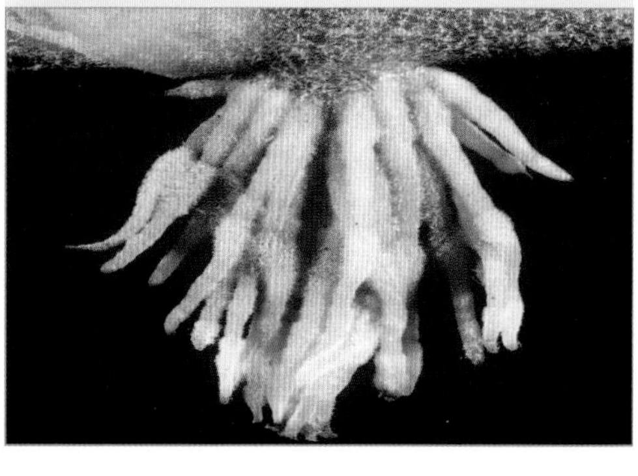

单元3

根 2

（浮萍的水根，图片提供/GFDL）

根的内部构造，影响着它吸收与传导的功能；有些植物甚至与微生物共生，或特化出某些形态，以强化根的功能。

根的内部构造

将根纵向剖开用显微镜观察，可以发现根尖端的外层细胞十分紧密，这就是根冠。当根在土壤中生长、推进时，根冠能保护后方的柔软组织不受伤害。根冠后方的细胞组织小而圆，是根的分生组织。分生组织通过细胞分裂产生新的根细胞，让根不断生长。当根细胞成熟后，部分根表皮细胞的细胞壁会形成1—2厘米长的根毛。根毛外包覆一层果胶，可以粘在土壤颗粒上，吸收土壤颗粒里的水分与水中的矿物质。

生长在泥沼的海茄苳，地下的根会向上长出呼吸根，以便空气进出。（图片提供/达志影像）

发育成熟的根由外到内可分为3部分，最外层是表皮细胞，其次是薄壁细胞组成的皮层，最内部则是输导组织（维管束），由输送水分的木质部与输送养分的韧皮部组成。皮层的最内侧是内皮层，这部分的细胞有“凯氏带”环绕，凯氏带充满腊质，使得水分与矿物质进入输导组织后，不会再逆流回到土壤。

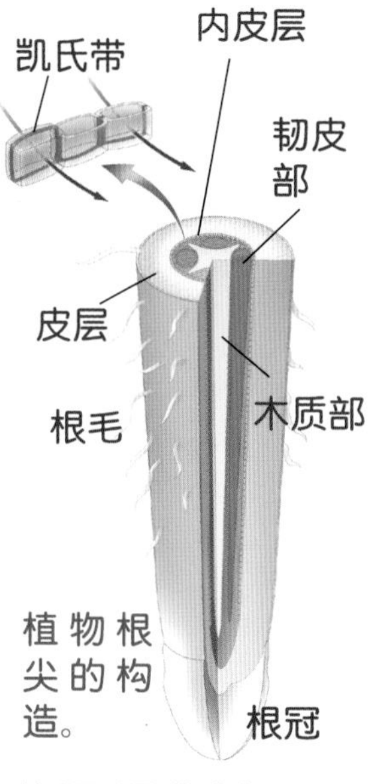

植物根尖的构造。（插画/吴仪宽）

日常生活中所食用的白萝卜、胡萝卜、甘薯等都是植物的根，称为块根。

甘薯的根，发芽位置不规则。（摄影/张君豪）

与真菌、细菌共生

许多植物为了提高根的吸收能力，而与土壤中的微生物共生，大致分为两类：松树、柳树与橡树等木本植物的根，可与真菌共生形成菌根，真菌可以帮助植物吸收矿物质，还可提供激素和抗菌物质。另一类是豆科植物的根与特定的根瘤菌共生，当根瘤菌由根毛进入皮层细胞后，会刺激皮层细胞分裂而产生根瘤，共生菌就在根瘤里把空气中的氮气转变成植物可吸收的氮肥。

水分与养分的堤防：凯氏带

植物的细胞壁是由纤维构成，具有许多孔洞，水分可以在孔洞间穿梭；如果没有凯氏带，根吸收的水分便可能逆流回土壤。组成凯氏带的细胞，在水平方向（与输导组织垂直方向）的细胞壁内充满腊质，形成不透水层，因此水分只能在输导组织内的细胞质之间流动。此外，凯氏带细胞的细胞膜上有负责运送矿物质的物质，这些物质只有一个运输方向，让植物所需的矿物质只能进不能出。

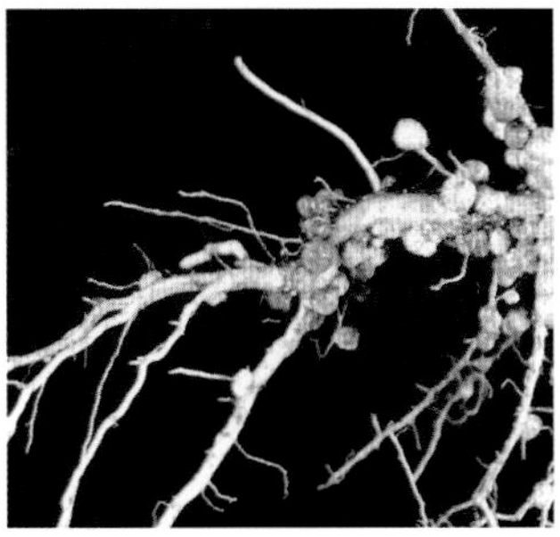

豆科植物根部的根瘤菌构造。

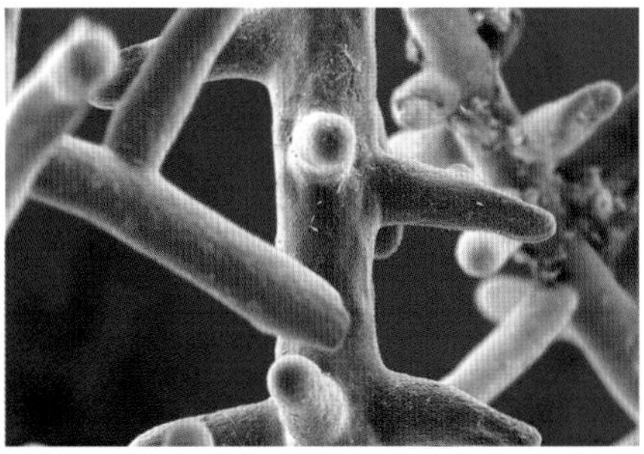

植物的根和真菌共生后，变成像树枝一样的“菌根”。（图片提供/达志影像）

根的变态

热带地区常出现暴风雨，因此当地植物如榕树将气根深入土中成为支持根、银叶树形成板根，以加强固着功能。此外，温带地区的多年生草本植物如甜菜、萝卜等，根部变得膨大肥胖，能够贮藏养分；当地面上的茎叶枯萎或休眠结束时，储存在根内的养分就成为供应茎叶新生的能量。通常这些储藏根也能用来无性繁殖，例如甘薯。

榕树的气生根能吸收空气与水气，当伸长到土壤后，便能迅速长粗形成支持根，并不断向外延展。（图片提供/达志影像）

（摄影/萧淑美）

单元4

茎 1

茎不仅是连接根部、叶子之间的重要管线，更是支撑起整株植物的重要构造。

茎的功能

茎的下方与根部相接，上方长有能进行光合作用的叶子，根部吸收的水分、矿物质，或叶子制造的葡萄糖，都靠茎来传输。茎也是支撑植物生长的骨干，不论是向上生长的直立茎，还是在地面不断扩张的走茎，目的都是为叶子争取阳光，获得生长的能量。此外，茎顶具有分生组织，可以经由细胞分裂产生新细胞，使茎增长，并长出新的叶片和小芽。茎内的薄壁细胞则可以贮存光合作用所制造的养分，因此许多植物

世界爷又名巨杉，主要生长于美国加州，可长到100米以上，是世界上最高大的植物。图片提供/GFDL，摄影/Mike Murphy）

草本植物的茎部柔软，不易被折断。（图片提供/达志影像）

草本植物与木本植物

草本植物与木本植物的区别，在于输导组织的发达程度与再生能力的差别。木本植物输导组织中的木质部细胞，会被本身分泌的木质素阻塞而成为木材，可以使植株更坚挺，再加上木本植物会随时产生新细胞来替代老死的组织，因此能拥有高大的体形和很长的寿命。但是草本植物的木质部不会分泌木质素，或是木质化程度很低，加上输导组织中的细胞分裂不发达，输导组织的细胞无法更新，因此植株通常较矮小，寿命也比木本植物短。

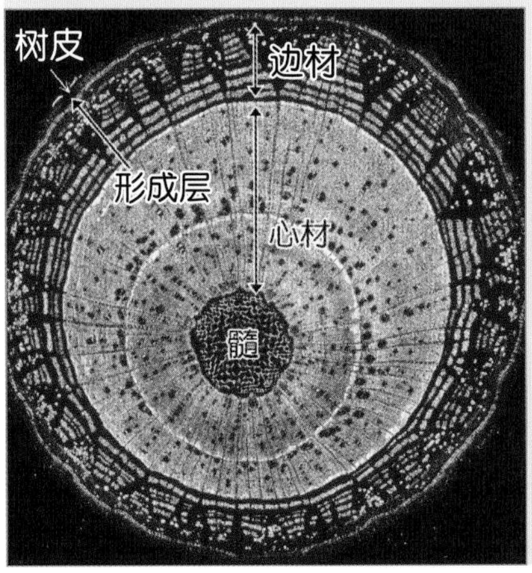

木本植物的茎，在形成层以内的木质部统称为木材，包括颜色较淡的新细胞（边材），以及颜色较深、充满木质素的老细胞（心材）。（图片提供/达志影像）

的茎具有贮存养分的功能，如甘蔗的茎贮存了大量蔗糖，因此吃起来特别甜。

茎的外观

茎的外观是植物分类的基本依据。有些植物的茎呈绿色，柔软多汁、富有弹性而不易折断，如彩叶草、大花咸丰草这类植株较矮的植物，通称为“草本植物”。有些植物的茎外皮呈褐色，内部因含有木材而坚挺、高大，如松树、台湾栾树等，称为“木本植物”。

茎的表皮细胞为了防止水分散失，并避免不良气候的影响和病虫害的侵袭，细胞壁外覆盖由壳多糖组成的腊质。为了让茎部细胞获得呼吸所需的气体，幼茎表皮上有保卫细胞组成的气孔，供气体自由进熟后，保卫细胞会被薄壁细胞取代形成皮孔，继续扮演气体进出的孔道。

植物的茎由顶芽、节和节间等组成。（图片提供/达志影像）

我们可以将一段枝条看成茎的缩影。枝条顶端是一个由许多芽鳞片包住的膨大芽体，而叶片和小芽则从枝条上的特定部位生长，让茎看来呈节状。枝条顶端的芽就称为顶芽，长出叶子、小芽的部位称为节；顶芽和小芽未来都可发育成叶子、花朵或枝条。

樟树（摄影/萧淑美） 白千层（图片提供/GFDL） 皮孔（摄影/萧淑美） 木棉（摄影/张君豪）

树皮主要由木栓细胞组成，当新的木栓细胞形成，旧树皮就可能产生裂痕（如樟树）和剥落（如白千层）。树皮具有保护树身的功能，像木棉的树干基部还长有瘤刺，以防动物侵犯。仔细看，树皮上有各式各样的皮孔，是鉴定树种的依据之一。

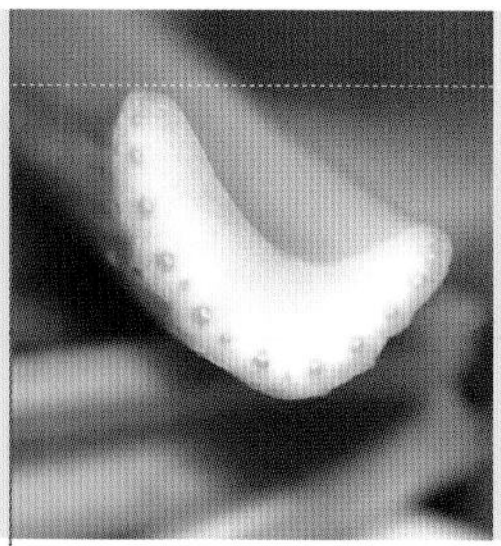

单元 5

茎 2

（芹菜属双子叶植物，维管束呈环形排列。图片提供/GFDL）

茎内部的构造与它的功能息息相关，有些植物为了强化茎的特殊功能，更演化出不同的形态。

茎的内部构造

茎的表皮内部，是负责输送、储存水分及养分的组织，这些组织的构造，依单子叶或双子叶植物而不同。

双子叶植物表皮内的组织，依序是皮层、维管束和髓。皮层是由薄壁细胞构成，可以储存水分、养分，也能以短距离横向的运输方式，将养分运送到茎的其他部位。维管束是茎内传输物质的主要组织，其中木质部由死亡的导管细胞组成，负

双子叶植物的茎，维管束呈环状排列，较有支持的力量，茎因而较为直立。

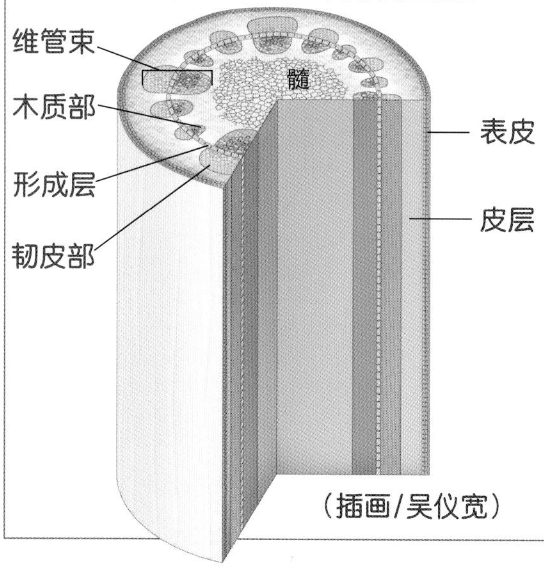

（插画/吴仪宽）

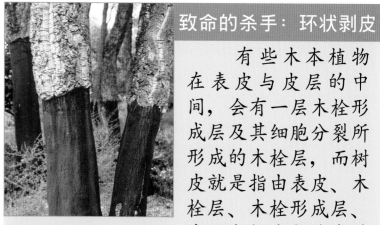

栓皮栎的老树干，可将它的树皮剥取下来，制作软木塞、软垫等；剥取时，不能伤到韧皮部。（图片提供/达志影像）

致命的杀手：环状剥皮

有些木本植物在表皮与皮层的中间，会有一层木栓形成层及其细胞分裂所形成的木栓层，而树皮就是指由表皮、木栓层、木栓形成层、皮层和韧皮部构成的构造。这层构造除了能保护树身，其中的韧皮部更是负责运送养分的重要构造。如果将树干上的树皮进行“环状剥皮”，韧皮部就会被切断而无法运输养分。这时树根因无法得到树叶制造的养分而逐渐“饿”死，而环状剥皮位置上方的枝叶，在负责吸收水分的根死亡后，因为得不到水分也逐渐干枯死亡。

竹子具有地下的根茎，从茎节长出的幼苗能发育成竹笋；地上的茎则中空，每节都能生长，因此竹子是生长速度最快的植物。（图片提供/达志影像）

责运输水分，韧皮部是由活的筛管细胞（但无细胞核）组成，负责输送养分。双子叶植物的维管束呈环状排列，环的中心有一群与皮层细胞相似的薄壁细胞，称为髓。髓细胞与皮层细胞功能近似，也有贮存和短距离运输的功能。

单子叶植物的维管束，是以散生状态分布在茎里。各维管束之间的细胞组织统称为“基本组织”，它的组成细胞和功能，都和双子叶植物的皮层相同。

葡萄茎上的小枝特化成卷须，与叶子相对。（图片提供/维基百科）

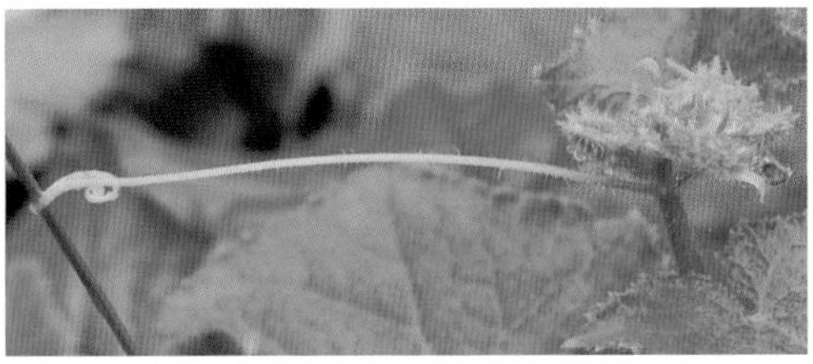

仙人掌的茎呈扁平或肉质状，含叶绿素，可进行光合作用，也能贮存水分和养分，并能繁殖。（图片提供/维基百科，摄影/Andre Karwath aka Aka）

茎的变态

大部分植物的茎都长在地面上，称为“地上茎”，但有些植物将部分或全部的茎埋在地下，成为“地下茎”。地上茎大部分是直立的，少部分则演化成其他形态，如匍匐地面的走茎，或变形为刺、卷须，而某些仙人掌更让茎部演化成叶状来进行光合作用，取代退化掉的叶子。

植物的地下茎，依形状分为根茎、球茎、块茎及具有瓣状构造的鳞茎，虽然外观各有不同，但都是为了贮存大量养分而演化出来的变态茎。这些饱含养分的茎深埋在地下度过寒冬，来年春天再从茎上长出植株。

蒜头、洋葱：鳞茎

姜：块茎

马铃薯的块茎上，芽眼排列很规则，成螺旋状，这是茎的特性。（摄影/张君豪）

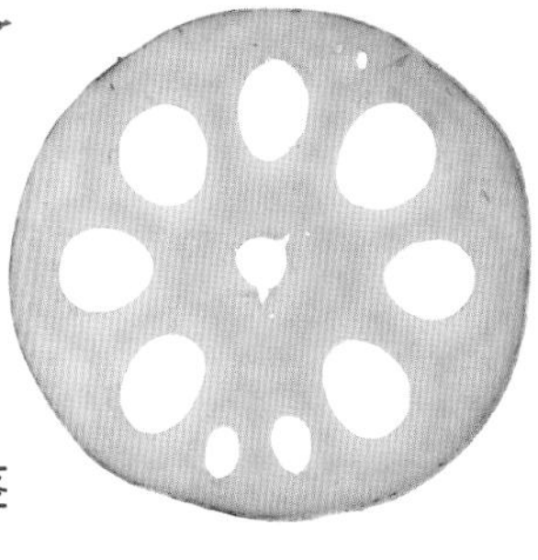

莲藕：根茎

我们所食用的洋葱、蒜、马铃薯、姜、莲藕等都是植物的茎。

叶 1

（酢浆草的叶子是由3—4片心形小叶所构成的复叶。）

植物是地球上重要的生产者，能够直接利用太阳光产生能量，而含有叶绿素的叶子，就是植物用来捕捉光能、制造养分的器官。

玫瑰为复叶形态，1支叶柄上长有数片小叶，叶柄的基部有一对托叶，具有保护幼叶的功能。（图片提供/GFDL）

左图：玉米的叶柄特化成叶鞘，叶脉为平行脉，都是多数单子叶植物的特征。

叶的功能

叶和根、茎都是植物的营养器官，但植物生长所需的养分，主要是由叶中的叶绿体吸收太阳光的能量，将水及二氧化碳加以转化而来，而根、茎只是负责水分和无机养分的吸收、运输与贮藏。

除了叶脉，叶形、叶尖、叶基和叶缘也是区分不同植物叶子的依据。

绝大多数的叶子都呈扁平状，以增加接收阳光的面积，并加快二氧化碳的吸收。此外，双子叶植物又利用叶柄让叶片远离茎部，减少互相遮蔽，而增加接受日照的机会；柔软的叶柄，还能让叶片随风摆动，除了减少被风吹折的危险，也能帮助叶子降温和获得二氧化碳。单子叶植物的叶鞘则可将叶片紧紧联结在茎上，而在叶鞘与叶片连接处内侧，常生有一片叶舌，能阻挡灰尘与雨水流入叶鞘内。

叶形和叶序

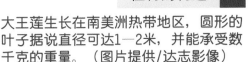

大王莲生长在南美洲热带地区，圆形的叶子据说直径可达1—2米，并能承受数千克的重量。（图片提供/达志影像）

双子叶植物的叶可分为叶柄、叶片和托叶；通常1支叶柄上的叶片只有1片，但有些植物的叶片分裂成许多小片（小叶），称为复叶，如羽状复叶和掌状复叶。单子叶植物没有托叶，叶柄也变为包围茎部的鞘状，称为叶鞘。

叶形及叶序是植物分类的依据之一。叶形是指叶片的外形，包括整个轮廓、叶缘、叶尖、叶基和叶脉等。叶序则是叶在茎或枝条上的排列方式，大致分为互生、对生、十字对生、轮生和丛生等。

叶形会受到植物个别的生理状态与环境影响而产生细微变化，其中以光线的影响最大。植物如果没有照到光，叶子会较小而且呈黄色；日照充足的叶子则会有较厚的叶肉组织与角质层。

叶子如何关闭气孔

气孔是叶子对外的门户，二氧化碳必须由气孔进入叶子内部，但水分也会从气孔散失到外界，植物如何控制气孔开闭呢？

科学家发现，构成气孔的保卫细胞，两侧细胞壁的厚度不同，靠气孔侧的细胞壁较厚，另一侧则较薄。当保卫细胞充满水分时，便会向细胞壁薄的外侧膨胀弯曲，气孔因而打开；当保卫细胞缺水时，两个保卫细胞便会萎缩而变得直挺，进而让气孔关闭。保卫细胞就通过这种机制，让气孔在植物缺乏水分时关闭，减少水分蒸发。

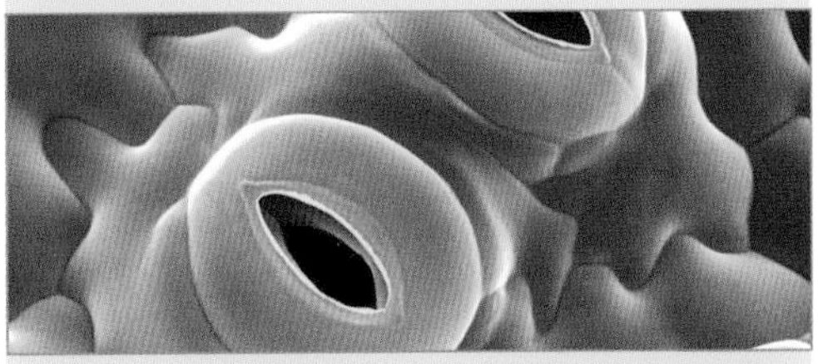

在电子显微镜下，可看出气孔是由两个半月形的保卫细胞构成，中间的孔洞便是水和二氧化碳进出叶子的通道。（图片提供/达志影像）

叶子生长在茎上的排列方式，称为叶序，也是观察植物叶子的重点。（插画/张文采）

对生：每个茎节长出两片相对的叶子，如茉莉花。

互生：每个茎节只长1片叶子且交互生长，如扶桑。

丛生：由于茎节很短，使得各节的叶子丛集在一起，如蒲葵。

轮生：每个茎节上长出3片或更多的叶子，如软枝黄蝉。

根生：叶子直接从根部长出，呈丛集状，如车前草等。

（拟石莲花的叶子肥厚多汁，图片提供/GFDL）

叶 2

叶的构造主要是为了制造植物生长所需的养分，就连食虫植物的叶也是为了补充养分而特化出来。

叶的构造

如果把叶片切开，用显微镜观察，可以发现大致分为3部分：表皮、叶肉和叶脉。表皮是由一层不含叶绿体的细胞构成，细胞外层覆有角质层，防止叶片内的水分蒸发。表皮上的保卫细胞含有叶绿体，以两个一组的方式组成气孔，控制气体、水分进出叶片。为了避免水分蒸发太快，叶片的上表皮不是没有气孔，就是数目远比下表皮少。

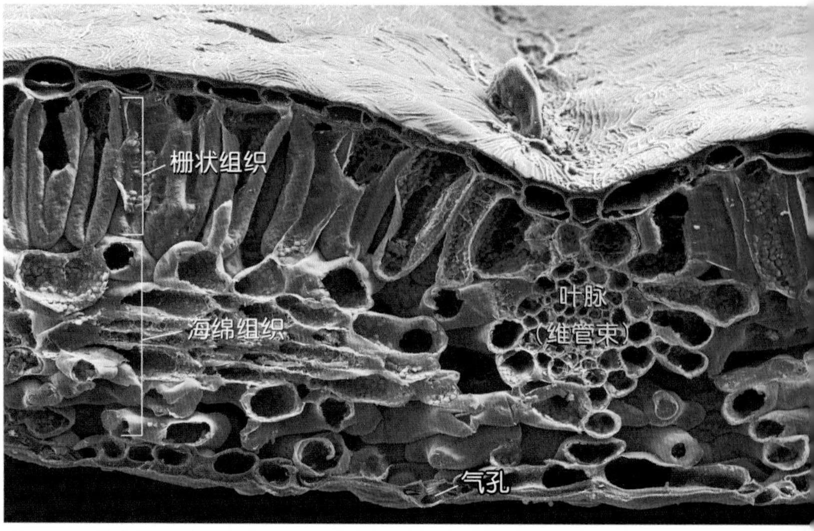

电子显微镜下的玫瑰叶片纵剖面。（图片提供/达志影像）

叶肉组织由薄壁细胞构成，含有大量的叶绿体。叶肉可分为两部分，上层的栅状组织细胞排列紧密，是光合作用的主要发生地；下方的海绵组织细胞排列疏松，方便气体传递。叶脉是茎内维管束的延伸，由输导组织木质部与韧皮部组成，负责输送水分与养分给叶片内的细胞，以及运送光合作用产生的碳水化合物到植物的其他部位。

叶脉大致可分为平行脉和网状脉，前者的叶脉大多纵向平行排列（上图，摄影/萧淑美），后者的大小叶脉交错如网（下图，摄影/巫红霏）。

叶的变态

叶子除了能进行光合作用，有些

植物的叶还会为了适应环境而变形，并具有特殊功能。最常见的是由叶子变形的芽鳞片，较叶子小而厚，并常有毛茸覆盖，位于嫩芽的外围，主要功用是保护芽体。仙人掌的叶子特化成针状，可减少水分散失，也能防止动物啃食。豌豆等藤蔓类植物则特化成卷须，能帮助植物向上攀缘。最特殊的是猪笼草等食虫植物，叶子特化成各种陷阱，用来捕捉昆虫以提供植物所需的养分。

动手做叶脉卡片

把漂亮的叶脉留影下来，做成卡片，让朋友一起欣赏！材料：影印纸、绿色纸张、叶子、打洞器、刀片、转印笔、镊子、彩色铅笔、纸藤。

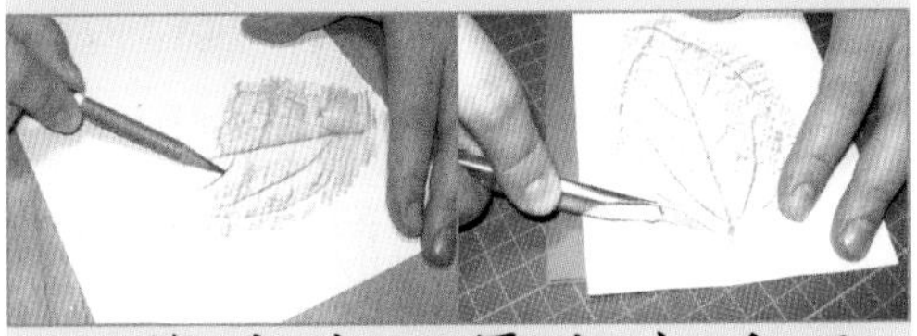

1. 将叶片以厚书本重压一段时间，铺一张白纸，以彩色铅笔压画出叶脉。
2. 准备2张绿色纸，连同刚刚的白纸一起割下叶形，保留约1厘米的边距。

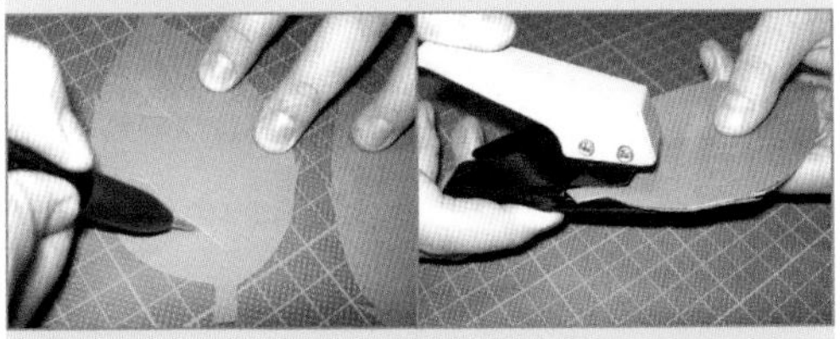

3. 以转印笔于绿色纸张上刮画出叶脉的纹路。
4. 将3张纸叠在一起打洞，并绑上一小段纸藤作装饰。

（制作/杨雅婷）

叶子的一生

叶的生长，起初是由茎顶的分生组织先分化出圆锥状的叶原体；接着，叶原体开始增长，成为一短轴状，就是叶子的雏型。细胞分裂在叶子成为短轴状后就停止了，所以叶面积会逐渐增加是细胞增大的结果，而不是细胞增加。在叶子分化时，叶柄基部会形成一圈缺乏木质素的薄壁细胞，而这个部位的维管束细胞也特别短小，因此这个部位特别脆弱。这是叶子为了日后脱落时所准备的，称为离层带。当叶子衰老时，就会因离层带细胞分解而与植物体分离。

红枫的叶芽。（图片提供/达志影像）

有些植物具有苞片，是叶子的一种变形，看起来像是“花朵”的一部分，如滴水观音（左图）的白色苞片和三角梅（右图）的红色苞片。

单元8

花 1

（凹叶红合欢突出的雄蕊，摄影/萧淑美）

花朵的形成是种子植物进行有性生殖的第一步。每种花朵的颜色、形状、大小各有不同，但都是为了繁殖而存在。

花的功能

种子植物的繁殖器官有花、果实和种子，其中后两种也都是从花发育而来。种子植物的繁殖，必须通过减数分裂，产生雌性和雄性生殖细胞，再经由这两种细胞结合，发育成种子里的胚。这些过程都是在花进行，而花的所有构造，也都是为了让雌性、雄性生殖细胞结合而存在。例如虫媒花为了提高授粉机会，花朵演化出鲜艳的色彩、浓郁的香气，或以花蜜诱引昆虫前来，甚至连花朵的生长、排列方式都经过精心设计。

有些花瓣具有条纹或斑点，就像指示昆虫进入花朵的路标，称为“蜜标”，例如常见的三色堇。（图片提供/达志影像）

花朵的形状、颜色和气味，都和授粉很有关系。

会变色的花

绣球花主要是由有色的萼片构成，调整灌溉水或肥料的酸碱度，就能栽培出不同颜色的绣球花。（图片提供/GFDL）

花朵鲜艳的色彩，是由花瓣内的花青素与胡萝卜素，以不同比例混合出其独特的色彩。如果花朵各部位的色素含量、比例不同，则能形成独特的纹路或斑块。花青素本身对酸碱度十分敏感，会随着酸碱值改变而变色，因此部分植物会因为土壤酸碱值不同，而开出不同颜色的花。例如生长在碱性土壤中的绣球花，会开出蓝色花朵，但栽培在酸性土壤时，花朵就变成粉红色。除此之外，番茉莉、木芙蓉、黄栀花等在开花过程中，因为花瓣内的化学物质有明显的酸碱度变化，所以花色会随着改变，像芙蓉花的花色就一日三变。

佛焰花序：花轴肉质肥厚，上面直接密生小花，外有佛焰苞，如火鹤等。

头状花序：花无柄或接近无柄，密生在单一花轴顶端头状或盘状的花托上，如菊科。

单顶花序：单一花轴顶端只着生一朵花，通常花径较大，如郁金香。

总状花序：花有柄，着生在单一花轴上，如石斛兰。

常见的各种花序。

左：尸花生长于印尼的热带雨林，花属于肉穗花序，肥厚的花轴可长达2—3米，是世界上最高大的花序。（图片提供/达志影像）

右：稻花没有花柄，密生在单一花轴上，属于穗状花序。它的花粉粒又小又轻可随风飘送，因此不需要美丽的花瓣和香甜的花蜜来吸引昆虫授粉。（图片提供/达志影像）

花序

花序指的是花朵在茎上的排列形态。长有花朵的茎，主轴称为“花轴”，分枝称“花柄”，再分枝则称“小梗”。根据花柄的长短、分枝的形态差异等，花序可以分成许多类别，如莲花的单顶花序、野姜花的穗状花序、菊花的头状花序等。

另外，根据花序中每一朵花成熟开放的顺序、花芽数量是否固定，也可将花序分成“无限花序”和“有限花序”两大类。无限花序的花芽，是由花轴基部向上逐一成熟，或由外围向内逐渐成熟，因此只要植物养分充足，花轴顶端或花序中央就可持续发育出新生小花，并没有总花数的限制。有限花序则是在花轴顶端或花序中央先着生一朵花，主轴无法继续生长出新的花芽，既有的花则由顶点向下或由中心向外开放，由于总花芽数在第一朵花开放时就已经确定，因此称为有限花序。

胡萝卜的花属于伞形花序，小花的花柄共同从花轴顶端生出，有如小伞。（图片提供/GFDL，摄影/Krzysztof Ziarnek）

（一枚雌蕊和多枚雄蕊）

单元9

花 2

花朵的构造不容易因环境影响而改变，而血缘相近的植物，往往拥有相近的花形，花朵因而成为科学家为植物进行分类的重要依据。

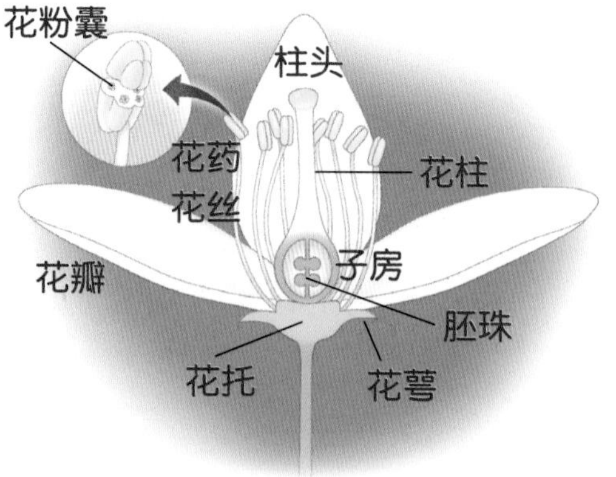

橘子花为完全花，具有雄蕊、雌蕊、花瓣和花萼，其中雌蕊着生在高出萼片位置的花托上，属于“上位子房”。（插画/吴仪宽）

花的基本构造

一朵完整的花，具有萼片、花瓣、雄蕊与雌蕊4部分，都着生在花柄顶端的花托上。花朵外围的萼片通常是绿色，花瓣则是大多数花朵最显著的构造，通常具有美丽的颜色。花瓣和萼片合称花被，像百合、郁金香等的萼片与花瓣，同形、同色而难以区分，便称为花被片。

雄蕊、雌蕊是花朵最重要的部位。雄蕊由花丝与花丝顶端的花药所组成，花药内的花粉囊，装满经由减数分裂产生的花粉粒（雄性生殖细胞），其中包含1个精细胞及1个管细胞；管细胞负责在花粉着床后长出花粉管，输送精细胞去与卵细胞结合。雌蕊则分为柱头、花柱和子房3部分，最下方的子房呈瓶状或圆锥状，内部分为一至数个小室，室内藏有胚珠；胚珠的最外层细胞称为珠被，负责保护内部的珠心，而卵细胞（雌性生殖细胞）就产生

合瓣花与离瓣花：合瓣花的花瓣全部或部分愈合在一起，花谢时整朵花会一起掉落；离瓣花的花瓣彼此分离，花谢时一瓣一瓣掉落。

①兰科的花瓣大小、形状都不同，属于兰形花冠。

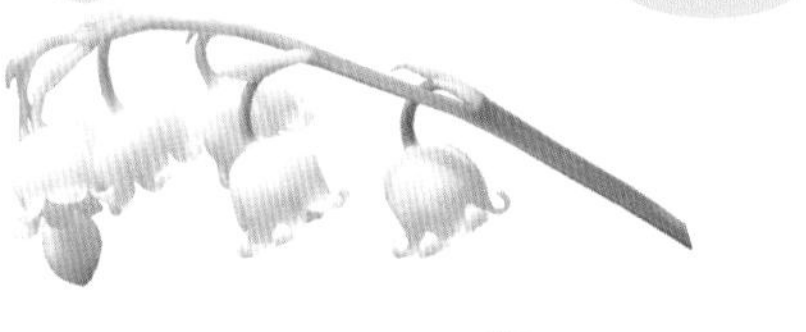

①铃兰：钟型花冠

②牵牛花：漏斗型花冠

②康乃馨的花瓣顶端有深或浅的凹裂，是石竹科的特色。

③玫瑰花的花瓣是一片片掉落，很明显是属于离瓣花。

在珠心里。子房上方细长的部分是花柱，顶端分歧处称为柱头，是花粉着床的地方。

鱼木花为完全花，发达的细长雄蕊是花朵最显著的构造，中间是雌蕊。（图片提供/GFDL）

花粉也有学问：孢粉学

以显微镜观察植物花粉，会发现每种植物的花粉不仅形状不同，表面还有复杂美丽的纹路。这些独特的形状、纹路并非随机形成，而是植物经由遗传因子决定的，用意是让雌蕊柱头可以辨认是不是同种植物的花粉。此外，花粉的细胞壁含有孢粉质，可以使细胞壁坚硬、不易腐败，进而保存花粉的繁殖力，而这层外壳也让古代的花粉能在地层中形成化石。

有些科学家即以地层中的花粉化石，来研究各种植物演化的先后顺序，或是推测花粉产生时的气候环境。这些以花粉为研究中心的学问，便称为孢粉学。

显微镜下形形色色的花粉粒，是植物分类的依据之一。（图片提供/达志影像）

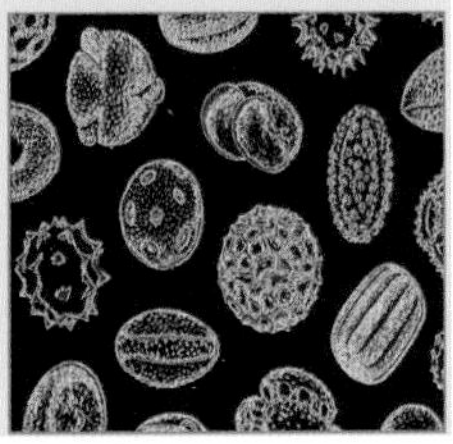

花朵的其他形态

和多数禾本科植物一样，槟榔的花不具有花瓣，靠风来传播花粉，为单性花，同在一大花序。图为花序和果实。（图片提供/达志影像）

并不是每一种花都具备萼片、花瓣、雄蕊与雌蕊，如果具有以上的构造，称为完全花；如果缺少其中一个构造，则称为不完全花。例如瓜类的花就是最常见的不完全花，因为雌花只长有雌蕊，而雄花则只有雄蕊。不完全花虽然欠缺部分构造，但并不影响植物的繁殖功能。

每朵花的花瓣合称花冠，有些花除了花冠，还在花冠内侧多长出一二层的瓣状构造，这层“副花冠”的色泽、造型往往比花冠抢眼，能协助花冠吸引昆虫进行授粉。有些花朵则是将萼片或花瓣的一部分，变成细长、中空的管状，称为“距”，里面藏着蜜腺，能吸引昆虫前来采蜜，例如非洲凤仙花。

白色的水仙花花冠内具有一层鲜明的黄色副花冠，能吸引昆虫。（摄影/萧淑美）

非洲凤仙花的花冠背后有细长的花距，能分泌花蜜吸引昆虫。（摄影/萧淑美）

单元10

果实

（成熟时会自动裂开的干果，又称裂果。）

果实是开花植物特有的繁殖器官，由于它能借着各种方式，帮助种子在地面、空中传播，因而使得植物能够分布得更广。

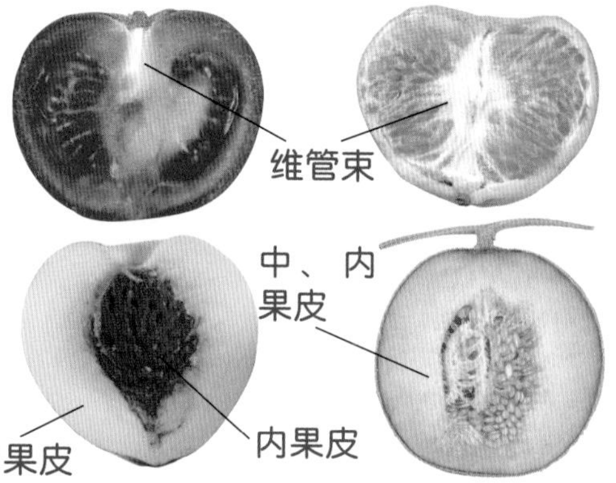

肉质果的果皮肉质多汁，又可分浆果（番茄）、柑果（橘子）、瓠果（哈密瓜）等；核果的内果皮厚硬，如水蜜桃。

果实的功能与发育

果实是雌蕊在受精后，由子房及花托等部位发育而成，而肩负繁殖任务的种子，大多深藏在果实内。果实的果皮、果肉，可以保护种子在发育期间避免受到伤害。

当花粉粒借由昆虫、风等媒介到达柱头后，精细胞会通过管细胞长出的花粉管，前往胚珠内部与卵细胞结合。在这期间，精细胞会分裂为二，其中一个精细胞与卵细胞结合形成“合子”，也就是胚细胞；另一个精细胞则和胚珠内的极细胞结合，形成初生胚乳细胞，这段过程称为“双重受精”。合子和初生胚乳细胞会进行细胞分裂分别形成胚与胚乳，原本包在胚珠外的珠被则转变成种皮。当种子发育时，子房会借由细胞分裂发育出外果皮、中果皮与内果皮等3层组织，将种子包裹在内，形成完整的果实。

当雌蕊子房里的胚珠受精后，子房便开始膨大发育成果实，花朵也将跟着开始凋谢。图为南瓜的花，其基部可见已开始发育的果实。（图片提供/达志影像）

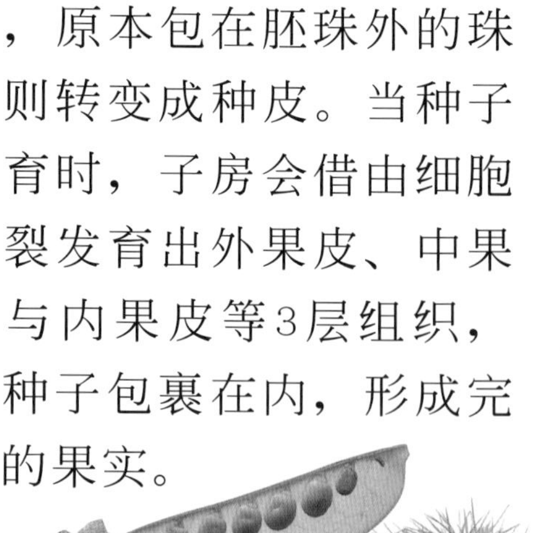

干果成熟后，果皮的水分含量非常少，又可分为坚果（栗子）、荚果（豌豆）等等。

果实的种类

依据形成果实的子房数目，果实可分成单果、聚合果和聚花果三类。单果是由一朵花的单一雌蕊发育而成，多数植物的果实都是单果，如西瓜、芒果等。单果依果实构造不同，可再分成干果和肉质果。干果是指果实成熟后，果皮的水分含量极少，如紫薇；肉质果则是指果实的果皮在成熟后水分含量高，呈柔软肉质，如水蜜桃。

聚合果是指一朵花上有许多雌蕊，每个雌蕊都发育成小果实后，生长在同一个花托上，例如我们食用的草莓果肉其实是由花托发育而来，表皮上的小颗粒才是它的果实。聚花果则是指花朵在完成受精后，由整个花序发育成一个果实，例如凤梨。

将洛神葵成熟的萼果摘除下来，去籽之后，红色的花萼便用来制成蜜饯、果酱、果汁、茶包等加工食品。（摄影/萧淑美）

橡树的果实称为橡实，果皮坚硬，长在杯状的壳斗里，是壳斗科植物的特征。（图片提供/达志影像）

真果与假果

果实如果依发育的来源，可以分成真果和假果。真果仅由子房发育，假果则还有其他部位如花萼、花托、花轴等一起成长。一般干果类和浆果（如葡萄）属于真果，而属于仁果类的苹果和属于聚合果类的草莓则是由花托发育成可食部位的假果。真果与假果有时很难区分，必须靠解剖或观察果实发育初期的情形。

草莓：许多雌蕊和花托发育形成

（插画/施佳芬）

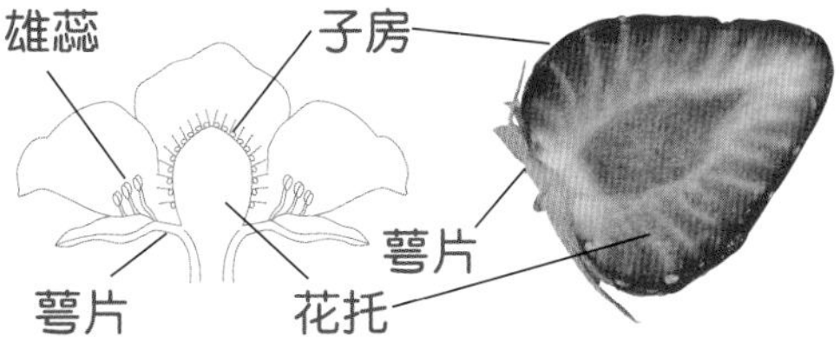

苹果：食用部分主要是花托发育形成

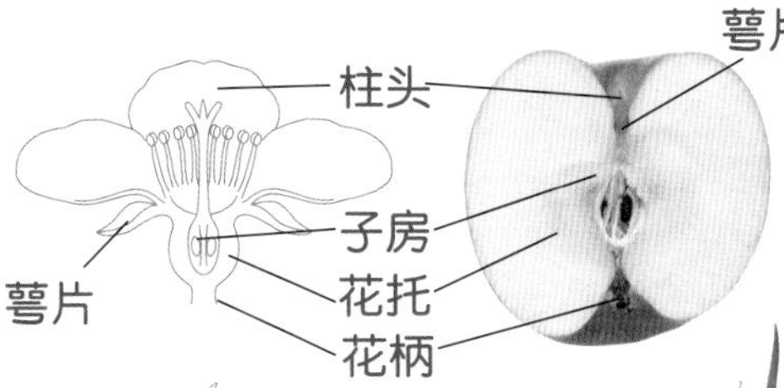

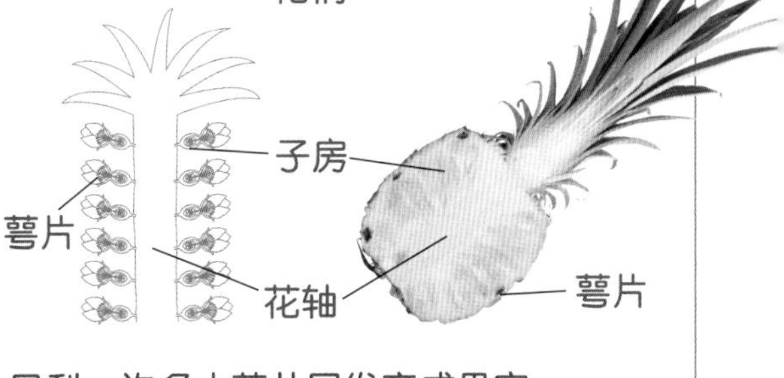

凤梨：许多小花共同发育成果实

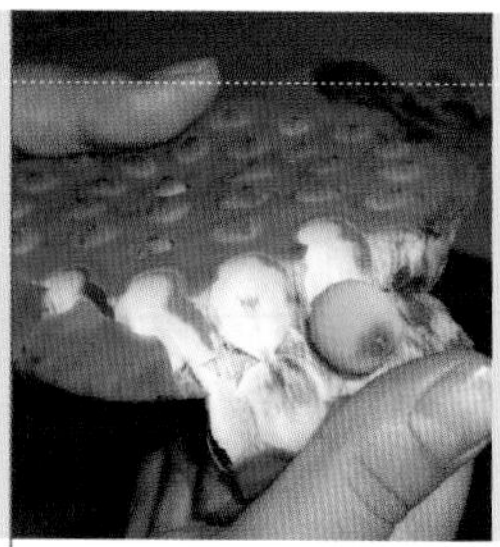

单元11

种子

（莲蓬是莲花的花托，当埋藏在其中的雌蕊受粉后，便发育成一颗颗的莲子。图片提供/GFDL）

植物不能移动，只能以种子传播到远方，所以种子必须具备有利于外力传播的特性。

种子的功能与构造

种子的主要功能，就是通过媒介传播到他处，发育成新的植株。为了完成这项工作，种子拥有能发育成新植株的必要构造，并发展出适合传播的外形。大多数的植物种子都是依靠风力或动物来传播，因此种子的体积通常都很小，方便让动物吞食、黏附在动物身上，或是随风飘到远方。

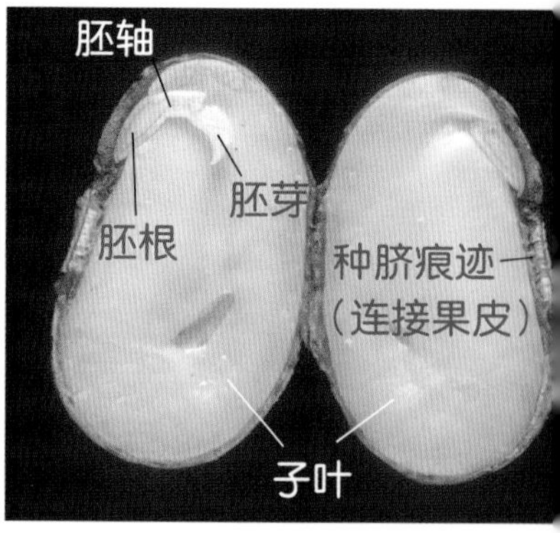

双子叶植物因种子具有两片发达的子叶而得名。图为菜豆种子的剖面。（图片提供/达志影像）

种子最内层的小构造称为胚，具有胚根、胚轴及胚芽，新植株就是由它发育而成，可说是幼小的植物体。种子从发芽后到长出能吸收、制造养分的根与叶前，必须靠自己提供养分，因此种子内部大多是储存养分的构造。豌豆等双子叶植物的种子内有两片子叶供应养分，稻米、小麦等单子叶植物的种子内，则是由一粒完整的胚乳来储存养分。种子的最外层称为种皮，主要功能是保护内部组织，对于通过动物摄食来传播的种子，种皮耐侵蚀的功能格外重要。

种子发芽会先向下长出胚根，再向上长出茎与叶。（图片提供/达志影像）

豆芽菜

餐桌上常见的豆芽菜，是黄豆、绿豆发的芽，不仅清脆爽口、营养丰富，加上生产不受季节影响，四季都可以吃到。不过，我们在家栽种的豆芽菜体形细长，和市场卖的短胖豆芽菜相差很多。这是因为农民在栽种豆芽菜时，会用石块压在豆子上面，这些豆子在发芽时，为了让新芽拥有抵抗重压的能力，会产生乙烯气体诱导胚根变得粗胖，让长出的根部粗壮而强韧。

单子叶植物的种子（如左图水稻）发芽时看不到展开的子叶，双子叶植物则看得见（如右图豌豆）。

（图片提供/上：达志影像，右：GFDL）

种子的萌芽

为了避免种子在发芽前因水分过多而坏死，种子含水量只有总重量的5%—10%，但这也让种子的生理活动停顿。因此种子萌发的第一步，就是吸收水分，使种子内的细胞膨胀、恢复生理活动，再加上呼吸所需的氧气与适宜的温度，胚根就能突破种皮生长，开始萌芽。不过部分种子为了确保本身能在最好的环境下发芽，发展出休眠的机制。解除种子休眠的方式大致可分为三大类。第一类是因为种皮太坚硬，阻挡了氧气和水分进入，必须等种皮被分解或破坏（如用刀割），种子才会发芽。第二类是胚里存在某些抑制发芽的物质，必须等这些物质消失（如用水冲走、低温或高温处理），种子就会结束休眠。第三类如杂草和某些品种的莴苣种子，为了确定不会有其他植物与它们竞争阳光，种子必须照到光才会解除休眠。

这只巨型的加拉帕戈斯象龟享受美味的鳄梨后，也为它传播种子。（图片提供/达志影像）

槭树的果实称为翅果，会随风飞散到远处。（图片提供/达志影像）

单元12

裸子植物

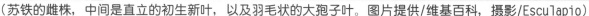

（苏铁的雌株，中间是直立的初生新叶，以及羽毛状的大孢子叶。图片提供/维基百科，摄影/Esculapio）

裸子植物是继苔藓类与蕨类后，出现在陆地的植物，但苔藓类与蕨类必须在潮湿的环境下繁殖，裸子植物却演化出耐干旱的种子来进行繁殖。

黑松的雄球果（前面下方黄色部分）和雌球果（左后方）。（图片提供/达志影像）

裸子植物的繁殖器官

裸子植物与被子植物（开花植物）合称为种子植物。不过裸子植物的胚珠外并没有子房包覆，而是直接着生在大孢子叶上，因此胚珠受精后形成的种子裸露在外，外层缺乏果实的保护，“裸子”植物的名称也由此而来。

裸子植物大约在2亿多年前出现，至今仍是各地常见的植物，如松、杉、柏等高大乔木，还有庭园里常见的苏铁、银杏及罗汉松等。银杏、苏铁等原始裸子植物，大都是雌雄异株，例如苏铁的雌株会产生由叶片特化而成的大孢子叶，孢子叶上着生3—5粒胚珠，而雄株长出的小孢子叶则是着生多个小孢子囊，精、卵细胞就分别位于小孢子及胚珠内。至于松、杉、柏等进化程度较高的裸子植物，则长出雌、雄两性的木质球果，球果是由许多叶片特化成的鳞片组成，花粉及胚珠，直接藏在鳞片基部。

❶松科的叶形通常为长针形，以2—5根为一束；图为五叶松。（摄影/张君豪）

❷杉科的叶形大多为线状披针形或凿形，螺旋状着生在枝条；图为杉木。（图片提供/GFDL）

❸柏科的叶形多半呈鳞片状，十字对生或轮生在枝条；图为丝柏。（图片提供/维基百科，摄影/Luis Fernández García）

裸子植物的受精与种子

裸子植物可说是蕨类演化到被子植物的桥梁。苏铁、银杏等原始裸子植物的精细胞，仍与蕨类植物一样具有鞭毛，能在水中泳动进入胚珠进行受精，形成种子。但松、杉、柏树花粉中的精细胞，就没有鞭毛，因此它们必须等球果成熟、鳞片张开后，让风把雄球果产生的花粉吹到雌球果的胚珠上，完成授粉。

裸子植物为了保护裸露的胚珠，胚珠外的珠被特别坚硬，但这也让精细胞难以进入，所以裸子植物从授粉到受精完成的时间相当久，快者数个月，慢者需要1年。少数裸子植物如竹柏、罗汉松及桃实百日青，种子具有肉质的假种皮或种托，看起来就像附有果肉的果实，可吸引鸟类食用、帮助传播；松类的种子（松子），种皮进化出翅状构造，可以随风飞散到各地。

罗汉松青绿色的种子着生在肥厚的红色种托上，看起来像是披着红色袈裟的小和尚，因而得名。（图片提供/GFDL，摄影/Keisotyo）

水杉为落叶性乔木，和银杏一样是珍贵的植物活化石。叶子为羽状复叶，秋季变成红棕色。（图片提供/达志影像）

银杏树

银杏又称公孙树，这是因为从播种到能够产生种子，必须经过20—30年或更久时间，往往是爷爷种银杏，等孙子出世才能收获。银杏种子的种皮相当发达，外层的橙黄色肉质是外种皮，含有毒成分，会引发皮肤红肿发痒；中间的白色硬壳是中种皮，俗称“白果”；最里层则包着淡红褐色膜质的内种皮及肉质的胚乳，胚乳可当药材或做菜。

银杏是落叶性乔木，属于裸子植物，只结种子，可以做菜、入药。（图片提供/维基百科）

单元13

蕨类

（槐叶萍是台湾特有的水生蕨类，3片叶子轮生，其中1片在水面下，常被误为假根。摄影/巫红霏）

蕨类虽然不会开花、结果，但已具有根、茎、叶。广义的蕨类，包括较常见、种类及数量都较多的真蕨类，以及体形较小、外形各有特色的石松、卷柏、木贼等拟蕨类。

蕨类叶背上孢子囊群的形态、着生的位置等，是蕨类分类的重要依据。（图片提供/GFDL）

蕨类的孢子体与配子体

蕨类与一般种子植物最大的不同，在于它的生命周期分为孢子体和配子体两个阶段，我们平日所见具有明显根、茎、叶构造的植株是孢子体，繁殖期间由孢子发育出的简单植株，则是配子体。

蕨类的根通常是纤细须状，而茎多数是匍匐的，但是像笔筒树等树蕨类则有挺立的茎干。蕨类的叶刚萌出时常呈卷曲状，但成熟后的叶形多变，从山苏花的单叶到乌蕨的羽状复叶，无所不包。叶又可依据有无孢子囊群，分为专门传播孢子来繁殖的孢子叶、专行光合作用的营养叶，以及兼具繁殖及营养制造的营养孢子叶3类。孢子囊群大多位于叶片下侧，由孢子

蕨类原叶体呈心形，下表面靠近心凹处有藏卵器，内有1个卵细胞，下表面心尖附近则有须状假根和藏精器等。（图片提供/达志影像）

囊聚集而成，囊内有繁衍后代用的孢子。

当孢子由孢子体释出、飞落到潮湿环境后，孢子便会萌发长成配子体。配子体成熟后会产生雌雄配子，并结合成胚，再由胚发育为孢子体。配子体又称原叶体，大都是扁平、心形或叶状构造，具有叶绿素，可行光合作用自给自足。原叶体与地面接触的腹侧长有假根，能将植物体固定在地面，并吸收水分、养分。

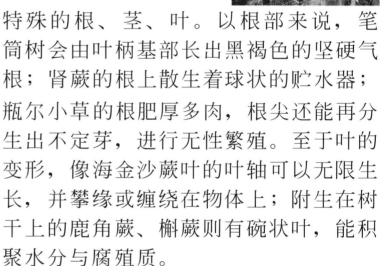

树蕨又称笔筒树、蛇木，茎干直立，当蕨叶脱落后会留下明显的叶痕，使茎干看起来像蛇皮。（摄影/张君豪）

蕨类的变态

为了适应不同环境，有些蕨类进化出特殊的根、茎、叶。以根部来说，笔筒树会由叶柄基部长出黑褐色的坚硬气根；肾蕨的根上散生着球状的贮水器；瓶尔小草的根肥厚多肉，根尖还能再分生出不定芽，进行无性繁殖。至于叶的变形，像海金沙蕨叶的叶轴可以无限生长，并攀缘或缠绕在物体上；附生在树干上的鹿角蕨、槲蕨则有碗状叶，能积聚水分与腐殖质。

石松、卷柏、木贼等拟蕨类的叶子都特别小、没有叶柄，其中木贼的齿状小叶还愈合形成鞘状，将茎的节间包住。

左：连珠蕨的这片叶子，后半是行光合作用的营养叶，前端为条状的孢子叶。（摄影/张君豪）

木贼有容易一节节折断的特殊茎节，茎上暗沉的部分即小叶形成的鞘。（图片提供/维基百科）

常吃的蕨类

许多蕨类的嫩叶可以食用，自古以来就被当成蔬菜，或是野外求生的食物，例如俗称“过猫”的过沟菜蕨与山苏花，都是市场上常见的蔬菜，现在更使用人工方式大量栽培，取代原有的野外采集。至于俗称山蕨菜的“蕨”，不但嫩芽可以食用，将根茎晒干后磨制成的蕨粉，还能代替黄豆粉或藕粉来使用。

鸟巢蕨又称山苏花，根和茎极短，但有发达的气生根，能牢牢固定在树干或石头上，嫩叶可用来做菜。（摄影/张君豪）

单元14

苔藓类

(一只蛙站在布满苔的石头上，图片提供/GFDL)

苔藓类因为没有进化出能输送养分、水分的维管束组织，细胞间的物质交换缓慢，因此长得又矮又小。

地钱是典型的藓类，雌、雄配子体于成熟时会长出伞状构造，称为雌托和雄托。雌托的伞裂较雄托深，在伞裂处有藏卵器，里面有1个卵，而雄托的伞裂处则有藏精器，内部产生许多精子。(图片提供/GFDL，摄影/Manfred Morgner)

不同形态的配子体

苔藓植物与蕨类相似，在生命周期里有孢子体与配子体循环交替。不同的是，苔藓植物的配子体时期较长，我们一般所见的都是它们的配子体，孢子体反而较不发达。苔藓植物可依配子体的外形，分为苔、藓及角藓三大类。苔类具有直立的假茎，茎上长着假叶，并有假根固着在土壤内。藓类没有茎、叶的区别，仅平铺生长，但腹面则长有假根固着。角藓类似藓类，平铺生长，腹面也长有许多假根，它与藓类最大的不同，在于孢子体为细长形，由于其表皮细胞还具有叶绿体，所以看起来是绿色的。

这棵树干上布满了苔类，可清楚看到假叶。(摄影/巫红霏)

苔藓植物不具有真正的根，吸收水和养分的能力有限，因此大多生长在较阴凉、潮湿的地方。(图片提供/维基百科，摄影/Christiaan Briggs)

配子体和孢子体的构造

藓与角藓的配子体称为原叶体，由数层细胞构成。最上层是表皮；表皮下是数层含有叶绿体、能制造养分的细胞；再下方的腹部层细胞不含叶绿体，主要用于贮藏养分；至于下表皮的部分细胞则延伸为假根。藏精器与藏卵器深埋在配子体内，以保护精细胞、卵细胞。

苔类的配子体分两个阶段，孢子萌发后先长成丝状原丝体，再生出直立假茎、假叶及假根。藏精器与藏卵器的形态、构造都与藓类相似，但位于假茎顶端。

苔藓植物的孢子体，大多生长在配子体上，构造可分为孢蒴、蒴柄与足三部分。孢蒴是苔藓植物储藏孢子的器官，会在孢子成熟时自动打开，释出孢子。藓与苔的孢子体没有叶绿体，发育所需的养分是靠足深入配子体吸收得来。角藓的孢子体养分主要来源虽是从配子体吸收，但因拥有可进行光合作用的叶绿体，因此也能自行制造养分，甚至能在配子体死后继续存活。

角藓的配子体称原叶体，上面有芽杯构造，能产生孢芽进行无性生殖。（图片提供/GFDL）

苔类的配子体有直立的假茎，孢子体就位于假茎顶端。图为红苔。（图片提供/GFDL）

能吸水、烧火的水苔

与其他种类的植物相比，苔藓类很少被人类应用在生活中，不过水苔却是个例外。水苔体内有许多结构中空的细胞，让它可以吸收多达本身重量20倍的水分。在园艺上，水苔常被用来包裹离土植物的根部，或是与蛇木混合作为兰花或盆栽植物的栽培介质，目的都是让植物根部能长时间保持湿润。此外，水苔死后沉积形成的泥炭，可以作为燃料。

水苔富含纤维素、吸水力强，常用在园艺上。（图片提供/GFDL，摄影/Kurt Stueber）

苔类两阶段的的配子体。（插画/施佳芬）

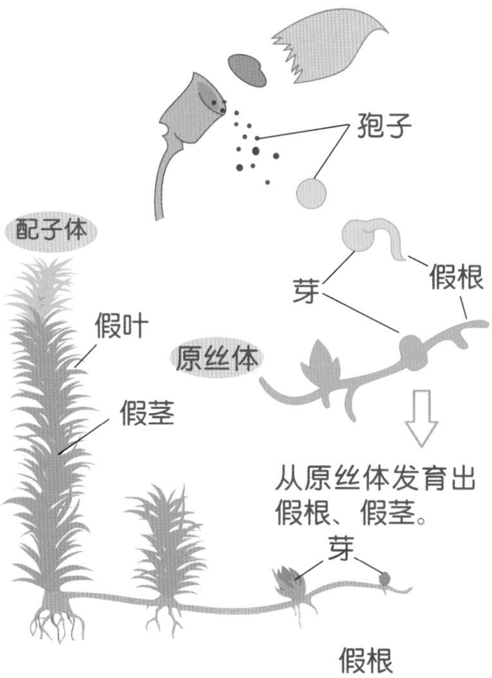

英语关键词

植物 plant

细胞壁 cell wall

根 root

直根 tap root

须根 fibrous root

不定根 adventitious root

根冠 root cap

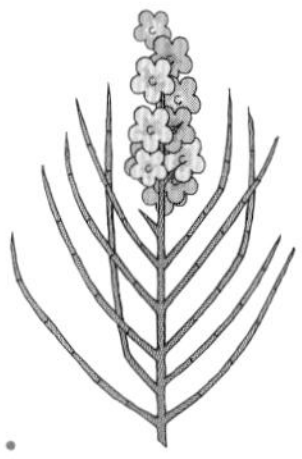

根毛 root hair

凯氏带 Casparian strip

根瘤 nodule

菌根 mycorrhiza

茎 stem

节 node

树皮 bark

皮孔 lenticel

木栓层 cork

维管束组织 vascular tissue

木质部 xylem

韧皮部 phloem

髓 pith

筛管 sieve tube

导管 vessel

根茎 rhizome

球茎 corm

块茎 tuber

鳞茎 bulb

叶 leaf

叶柄 petiole

叶片 blade

叶鞘 sheath

单叶 simple leaf

复叶 compound leaf

叶序 phyllotaxy

叶脉 venation/vein

叶肉 mesophyll

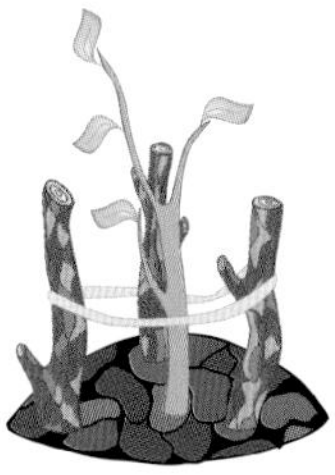

表皮 epidermis

气孔 stoma

花 flower

花序 inflorescence

萼片 sepal

花瓣 petal

雄蕊 stamen

雌蕊 pistil

花药 anther

柱头 stigma

子房 ovary

花冠 corolla

花被（片） perianth (tepal)

果实 fruit

单果 simple fruit

聚合果 aggregate fruit

聚花果 multiple fruit

干果 dry fruit

肉质果 fleshy fruit

种子 seed

胚乳 endosperm

子叶 cotyledon

被子植物 angiosperm

裸子植物 gymnosperm

球果 cone/strobilus

蕨类 fern

孢子体 sporophyte

配子体 gametophyte

孢子囊群 sorus

藓 liverwort

苔 moss

角藓 hornwort

孢蒴、蒴果 capsule

新视野学习单

1 请列出植物细胞与动物细胞的3项差异。

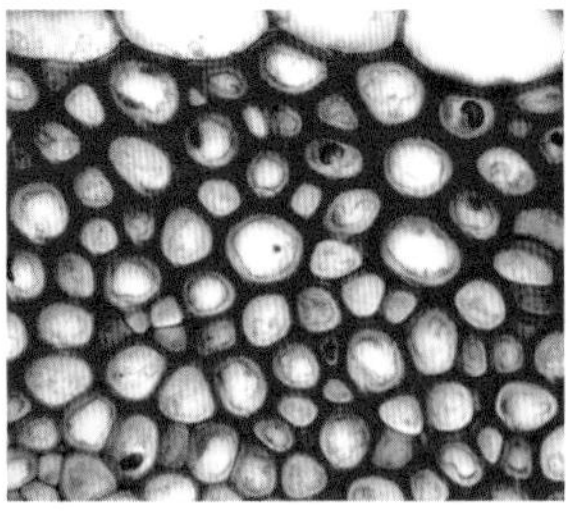

________________、________________、________________

（答案见06页）

2 关于根的功能，哪些叙述是正确的？对的打○，错的打×。

（　）直根系可以迅速吸收水分、养分，让植物快速生长。

（　）须根系可以让植物站得稳固，因而长得较为高大。

（　）根可以传递干旱或病虫害的信息到植物的其他部位。

（　）根只能吸收水分，不能吸收其他物质。

（答案见07—08页）

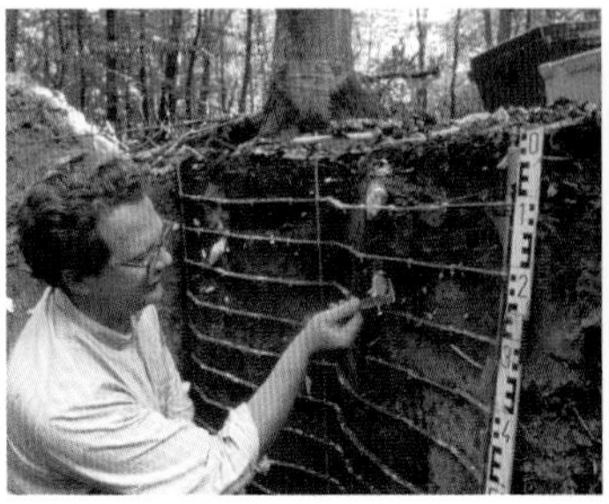

3 关于根、茎的构造，请将下列适当的词填入。

表皮　皮层　输导组织　根冠　凯氏带　髓　木质部　韧皮部

1.__________能保护根尖，并导引根向下生长。

2.根由外而内可分为__________、__________与__________。

3.__________可以防止进入根内的水分逆流回土壤中。

4.维管束包含__________和__________。

5.双子叶植物的茎中，__________和皮层都具有储存和短距离运输的功能。

（答案见08—09，14—15页）

4 连连看。请将各种变形的茎与相对应的生长位置连起来。

走茎·		·球茎
根茎·	·地上茎·	·块茎
刺·	·地下茎·	·卷须
鳞茎·		·叶状茎

（答案见12—15页）

5 下列关于叶子的叙述，请选出正确的答案。（多选）

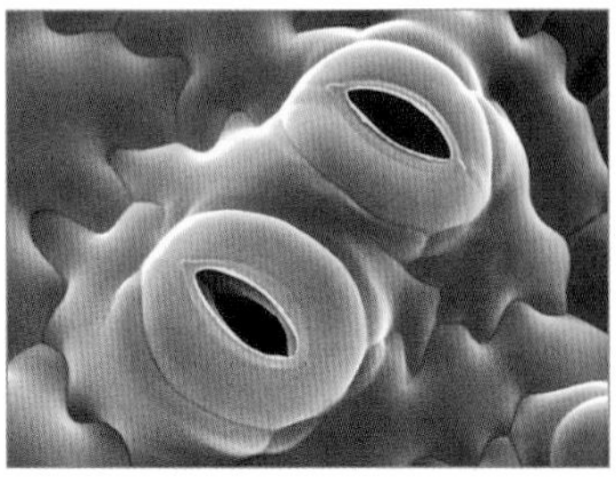

1.叶内构造可分为表皮、叶肉及输导组织3部分。

2.表皮细胞内有叶绿体可行光合作用。

3.气孔都在上表皮，下表皮没有气孔。

4.叶脉就是叶子的输导组织，分为平行脉和网状脉。

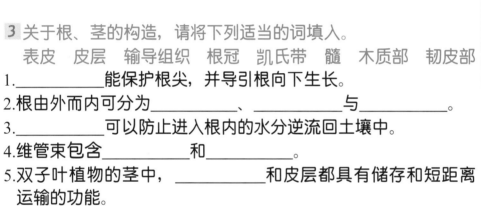

（答案见16—19页）

6 关于花的叙述，请将下列适当的词填入。

花粉粒　胚珠　花萼　花瓣　雄蕊　雌蕊　花被片

1.完整的花有________、________、________、________。

2.________是开花植物的雄配子体，具有2个细胞。

3.开花植物的卵细胞是藏在雌蕊子房内的________。

4.郁金香的花瓣和花萼同形同色而难以区分，通称为________。

（答案见20—23页）

7 关于果实的叙述，请选出正确的答案。（多选）

1.草莓果肉是花托发育成的，表皮上黑黑的小颗粒才是果实。

2.多花果是一朵花具有许多雌蕊，每个雌蕊都发育成小果实聚集而成。

3.聚合果是由整个花序发育成一个果实。

4.单生果可依果皮的水分含量多寡分为干果与肉质果。

5.开花植物有胚与胚乳的双重受精现象。

（答案见24—25页）

8 下列关于种子的叙述，哪些是正确的？对的打○，错的打×。

（　）豌豆的种子内有两片子叶供应养分，属于双子叶植物。

（　）玉米的种子是由一粒胚乳供应养分，属于单子叶植物。

（　）种子为了顺利发芽，水分含量很高。

（　）种子的种皮太过坚硬时，会造成种子休眠。

（　）种子通常体积很大，以便传播。

（答案见26—27页）

9 关于裸子植物的叙述，请选出正确的答案。（多选）

1.裸子植物的胚珠没有子房包覆，因此只结种子。

2.裸子植物的花粉及胚珠藏在球果鳞片基部。

3.裸子植物胚珠的珠被特别坚硬，因此完成受精的时间较长。

4.裸子植物的种子都不适合食用。

（答案见28—29页）

10 下列是植物孢子体和配子体的比较，请将相对应的连起来。

种子植物·	·配子体较孢子体显著，孢子体稍微可以独立生活，但主要仍需配子体供应养分。
蕨类·	·配子体较孢子体显著，孢子体不能独立生活。
角藓·	·孢子体较配子体显著，两者都能独立生活。
苔和藓·	·孢子体较配子体显著，配子体不能独立生活。

（答案见30—33页）

我想知道……

这里有30个有意思的问题，请你沿着格子前进，找出答案，你将会有意想不到的惊喜哦！

开始！

细胞的发现和哪种仪器的发明有密切关系？ P.06

为什么一般梨子吃起来好像有小小的硬粒？ P.07

为什么藤能在上攀爬

如何能让绣球花出现不同花色？ P.20

什么是世界上最高大的花序？ P.21

植物开花时，花芽数量有没有限制？ P.21

太棒得美牌。

滴水观音的白色苞片是什么特化成的？ P.19

常吃的蕨类有哪些？ P.31

苔藓类的孢子藏在哪里？ P.33

哪种苔类常用于园艺？ P.33

观察叶子的差异，应注意哪些部分？ P.17

为什么树蕨又称蛇木？ P.31

哪些植物有活化石之称？ P.29

颁发洲金

太厉害了，非洲金牌也是你的。

叶柄有哪些功能？ P.16

为什么多数叶子是扁平的？ P.16

我们吃的姜是它的什么部位？ P.15

仙人掌么进行作用？

常春
墙壁
P.09

甘薯和马铃薯的食用部位有什么不同？ P.10、15

根瘤常出现在哪一类植物上？ P.11

不错哦，你已前进5格。送你一块亚洲金牌。

什么是世界上最高大的植物？ P.12

了，赢
洲金

兰花的花朵有什么特色？ P.22

为什么花粉要有不同的形状和纹路？ P.23

一般所说的木材是指茎的哪个部分？ P.12

太好了！
你是不是觉得：
Open a Book！
Open the World！

我们吃的洛神葵是它的什么部位？ P.25

木棉树干上的刺有什么功能？ P.13

大洋
牌。

如何分辨松、杉、柏？ P.28

怎样才能够种出矮胖的豆芽菜？ P.27

树干靠什么来呼吸？ P.13

靠什
光合
P.15

为什么竹子能成为生长最快的植物？ P.14

获得欧洲金牌一枚，请继续加油。

软木塞的材料是植物的哪个部分？ P.14

图书在版编目（CIP）数据

植物的构造：大字版 / 宋馥华撰文．—北京：中国盲文出版社，2014．5
（新视野学习百科；34）
ISBN 978-7-5002-5072-2

Ⅰ．①植… Ⅱ．①宋… Ⅲ．①植物—青少年读物
Ⅳ．①Q94-49

中国版本图书馆 CIP 数据核字（2014）第 084717 号

原出版者：暢談國際文化事業股份有限公司
著作权合同登记号 图字：01-2014-2113 号

植物的构造

撰　　文：宋馥华
审　　订：郑武灿
责任编辑：吕　玲
出版发行：中国盲文出版社
社　　址：北京市西城区太平街甲 6 号
邮政编码：100050
印　　刷：北京盛通印刷股份有限公司
经　　销：新华书店
开　　本：889×1194　1/16
字　　数：33 千字
印　　张：2.5
版　　次：2014 年 12 月第 1 版　2014 年 12 月第 1 次印刷
书　　号：ISBN 978-7-5002-5072-2/ Q · 27
定　　价：16.00 元
销售热线：（010）83190288 83190292

绿色印刷　保护环境　爱护健康

亲爱的读者朋友：

本书已入选“北京市绿色印刷工程—优秀出版物绿色印刷示范项目”。它采用绿色印刷标准印制，在封底印有“绿色印刷产品”标志。

按照国家环境标准（HJ2503-2011）《环境标志产品技术要求 印刷 第一部分：平版印刷》，本书选用环保型纸张、油墨、胶水等原辅材料，生产过程注重节能减排，印刷产品符合人体健康要求。

选择绿色印刷图书，畅享环保健康阅读！

北京市绿色印刷工程